Sitzungsberichte
der Akademie der Wissenschaften
der DDR
Mathematik – Naturwissenschaften – Technik

3N

1983

Klaus Fröhlich

Beiträge natürlicher Radionuklide zur Umweltforschung

AKADEMIE-VERLAG · BERLIN

THEORIA CUM PRAXI

Sitzungsberichte
der Akademie der Wissenschaften
der DDR
Mathematik - Naturwissenschaften - Technik

Jahrgang 1983 · Nr. 3/N

Klaus Fröhlich

Beiträge natürlicher Radionuklide zur Umweltforschung

AKADEMIE-VERLAG · BERLIN
1983

Vortrag von Prof. Dr. sc. nat.
Klaus Fröhlich, Bergakademie Freiberg,
Sektion Physik, gehalten vor der Klasse
Umweltschutz und Umweltgestaltung am
14. Januar 1982

Herausgegeben im Auftrage
des Präsidenten der Akademie
der Wissenschaften der DDR
von Vizepräsident Prof. Dr. Heinrich Scheel

ISSN 0138-3956
Erschienen im Akademie-Verlag, DDR-1086 Berlin, Leipziger Str. 3-4

Lizenznummer: 202 · 100/65/83
Printed in the German Democratic Republic
Gesamtherstellung: VEB Druckhaus Köthen
LSV 1175
Bestellnummer: 763 239 8 (2010/83/3/N)
DDR 3,– M

1. Einleitung

Im Zuge der Erforschung der 1896 von H. BECQUEREL entdeckten Radioaktivität wurden an der Bergakademie Freiberg schon frühzeitig anwendungsorientierte Untersuchungen über die Verteilung natürlicher Radionuklide in der Umwelt durchgeführt. In den Uranerzgruben von Joachimsthal, an deren Uranpechblende das Ehepaar CURIE 1898 das Radium entdeckte, hatte man um 1908 stark radioaktives Wasser gefunden, dessen balneologische Nutzung zur Errichtung eines Weltbades führen sollte. Dieser Umstand veranlaßte die sächsische Regierung, in deren Territorium das Vorkommen von Uranmineralien von altersher bekannt war, die Bergakademie mit der Suche und Erkundung der auch in Sachsen vermuteten radioaktiven Wässer zu beauftragen. So wurde noch im Jahre 1908 eine Abteilung für Radiumforschung gegründet und zunächst dem Hüttenmännischen Institut angegliedert, aus der 1912 ein selbständiges, bis 1945 existierendes Radiuminstitut hervorging [1].

Bereits nach 4 Jahren waren mehr als 1 000 Quell-, Brunnen- und Stollenwässer untersucht worden. Die Ergebnisse offenbarten einen Reichtum an radioaktiven Wässern in Sachsen, wie ihn bis dahin kein anderes Land aufweisen konnte [2]. Zu den erforschten Quellen gehörte die „Neue Quelle“ in Brambach, die später „Radon-Quelle“ genannt wurde. Sie ist auch heute noch eine der stärksten radioaktiven Quellen der Erde. Ihre balneologische Nutzung hat wesentlich dazu beigetragen, daß sich Brambach zu einem „Radiumbad“ mit Weltgeltung entwickelte.

Die Arbeiten der Abteilung Radiumforschung bzw. des Radiuminstituts der Bergakademie Freiberg waren jedoch nicht nur auf die reine Erfassung der balneologisch interessanten radioaktiven Wässer gerichtet. Schon im Arbeitsprogramm des Jahres 1912 stellte man sich eine Aufgabe, in die Aspekte einer Umweltforschung einbezogen waren. Sie lautete: „Erforschung radioaktiver Eigenschaften der Gesteine, der Luft und des Wassers und der damit zusammenhängenden Fragen der Mineralogie, der Geologie und der Hydrologie“.

Mit zunehmender Erschließung und Überwachung radioaktiver Quellen stiegen die Anforderungen an die Zuverlässigkeit und Präzision der Aktivitätsmessungen. Auf Anregung des Radiuminstituts fand deshalb im Mai 1921 an der Bergakademie Freiberg eine Tagung statt, auf der Meß- und Eichverfahren für die Bestimmung der Aktivität von radioaktiven Quellwässern diskutiert, Empfehlungen für eine vereinheitlichte, präzisere Meßweise erarbeitet und eine praktische Einheit für die Angabe der Aktivität dieser Quellwässer, das Eman (1 Eman = 3,7 Bq/l), eingeführt wurden [3]. Es waren Vertreter der namhaftesten Radiuminstitute bzw. -laboratorien sowie Radiumbäder Deutschlands und Österreichs zugegen (Abb. 1), unter ihnen O. Hahn und L. Meitner (Radiumabteilung des Kaiser-Wilhelm-Instituts in Berlin-Dahlem), H. Geiger (Physikalisch-Technische Reichsanstalt in Charlottenburg) und S. Meyer (Radium-Institut in Wien).

Abb. 1 Teilnehmer des Radiumkongresses im Mai 1921 am Radiuminstitut der Bergakademie Freiberg

Als Mitte der 50er Jahre die kernphysikalische Forschung in der DDR einen starken Aufschwung nahm, wurde vor allem aus den Reihen der Geowissenschaftler der Bergakademie der Wunsch laut, die Forschungen zur natürlichen Radioaktivität mit dem Ziel ihrer Anwendung in den Geo- und Montanwissenschaften fortzusetzen. Entsprechende Arbeiten wurden kurz nach 1960 aufgenommen. Inzwischen hatte sich im Gefolge der Entwicklung hochempfindlicher radiochemischer und radiometrischer Verfahren die Zahl der Radionuklide, die in Umweltmedien nachgewiesen worden waren und für die vorgesehenen Anwendungen geeignet schienen, wesentlich vergrößert. Waren früher nur einige wenige Radionuklide der natürlichen Umwandlungsreihen, die sogenannten radiogenen Radionuklide wie ^{226}Ra und ^{222}Rn nutzbar, so konnten jetzt zahlreiche, hinsichtlich Herkunft und Verteilung in der Umwelt völlig neuartige Radionuklide einbezogen werden. Sie werden durch natürliche, von der kosmischen Strahlung ausgelöste Kernreaktionen (kosmogene Radionuklide) und durch künstliche, vor allem in Kernwaffenexplosionen und Kernkraftwerken ablaufende Kernreaktionen (anthropogene Radionuklide) erzeugt.

Da Datierungen von Grundwasser und von quartärgeologischen Proben anfangs im Vordergrund des geowissenschaftlichen Interesses an der Bergakademie standen, wurde mit den für diese Anwendungen besonders geeigneten kosmogenen Radionukliden Tritium (Symbol ^{3}H oder T) und Radiokohlenstoff (^{14}C) begonnen; später kamen noch die radioaktiven Isotope des Siliziums und Argons (^{32}Si bzw. ^{39}Ar) und einige radiogene Radionuklide (hauptsächlich ^{238}U, ^{234}U und ^{222}Rn) hinzu.

Im folgenden soll ein Überblick über die Grundlagen der Anwendung der in der Umwelt vorhandenen Radionuklide und über einige typische Beispiele ihrer Nutzung an der Bergakademie Freiberg gegeben werden. Diese Darstellung beschränkt sich auf die kosmogenen Radionuklide, da deren Nutzung an der Bergakademie bisher dominierte. Auf erste Ergebnisse der Einbeziehung radiogener Radionuklide wird in der Literaturzusammenfassung hingewiesen.

2. Produktion und geosphärische Verteilung kosmogener Radionuklide

Natürliche Kernreaktionen, die zur Erzeugung von Radionukliden führen, werden im wesentlichen durch die kosmische Strahlung hervorgerufen. Ihre zu 91,5% aus hochenergetischen Protonen bestehende primäre Komponente befreit in Spallationsreaktionen beim Eindringen in die Erdatmosphäre sekundäre Protonen und Neutronen (Abb. 2). Diese Nukleonenkomponente reagiert ihrerseits mit den Atomkernen der Luftbestandteile Stickstoff, Sauerstoff und Argon, wodurch Radionuklide mit Massenzahlen kleiner als 40 (der schwerste der mit hinreichender Häufigkeit in der Luft vorkommenden stabilen Atomkerne ist der des Nuklids ^{40}Ar) und Halbwertszeiten im Bereich von Sekunden bis 1,5 Millionen Jahren gebildet werden (vgl. Tab. 1).

Die Erzeugungsrate $q(x, \lambda)$ eines kosmogenen Radionuklids in der atmosphärischen Höhe x und der geomagnetischen Breite λ kann aus dem differentiellen Energiespektrum der an der Erzeugung beteiligten Nukleonenkomponenten J_i und aus den Wirkungsquerschnitten σ_{iT} der entsprechenden Kern-

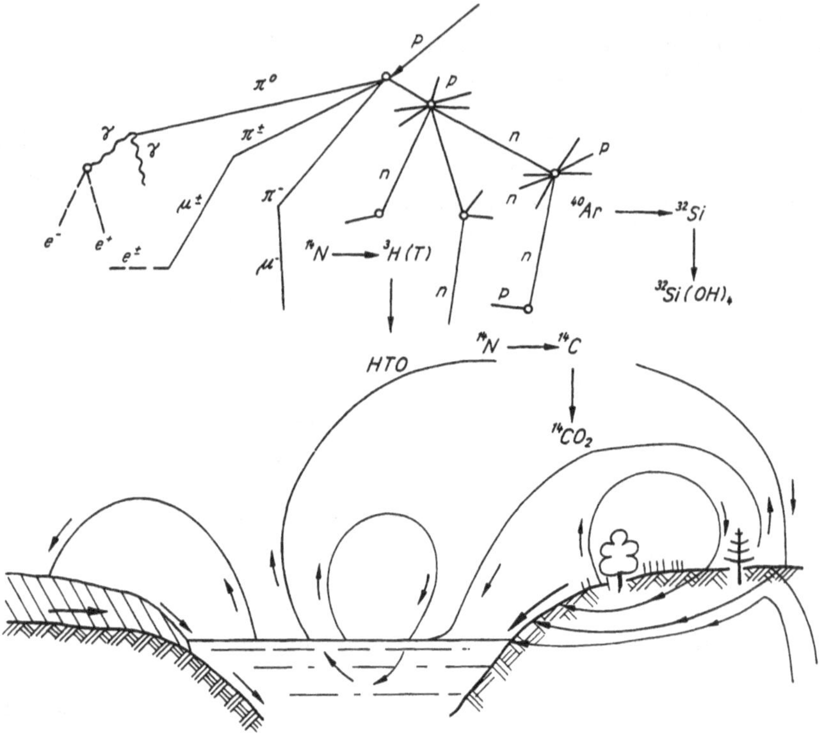

Abb. 2 Zur Erzeugung und Verteilung kosmogener Radionuklide – schematische Darstellung

Tabelle 1 Erzeugungsraten und Gesamtinventar einiger langlebiger kosmogener Radionuklide

Nuklid	Halbwertszeit in Jahren	Erzeugungsrate in Atome/(m^2 s)	Gesamt-inventar
^{10}Be	$1{,}5 \cdot 10^6$	420	400 t
^{26}Al	$7{,}4 \cdot 10^5$	1,4	1 t
^{36}Cl	$3{,}1 \cdot 10^5$	11	4,7 t
^{14}C	5730	25000	75 t
^{39}Ar	269	56	22 kg
^{32}Si	105	1,6	0,3 kg
^{3}H	12,43	2500	3,5 kg

reaktionen nach der Beziehung

$$q(x, \lambda) = \sum_T \frac{NK_T}{A_T} \int^E \int^\Theta \int^\Phi \sum_i J_i(x, E, \Theta, \varphi)\, \sigma_{iT}(E)\, d(\cos\Theta)\, d\varphi \qquad (1)$$

berechnet werden [4]. Dabei sind E, Θ und φ die Energie und die Einfallswinkel der kosmischen Strahlung, A_T die relative Atommasse des Targetnuklids T, K_T dessen Massenanteil in der Luft und N die Avogadrosche Zahl.

Tritium wird hauptsächlich durch die Kernreaktion $^{14}_{7}N\ (n,\ ^{3}_{1}H)^{12}_{6}C$, ^{14}C im wesentlichen durch $^{14}_{7}N(n, p)^{14}_{6}C$ und ^{32}Si durch die Spallationsreaktion $^{40}_{18}Ar\ (n, 4p5n)^{32}_{14}Si$ gebildet (vgl. Abb. 2). Gemittelt über die Erdoberfläche entstehen 25000 ^{14}C-Atome je m^2 und Sekunde. Die Erzeugungsraten der übrigen kosmogenen Radionuklide liegen um eine bis mehrere Größenordnungen niedriger (Tab. 1). Das Gesamtinventar jedes dieser Radionuklide in der Geosphäre läßt sich aus dem Gleichgewicht zwischen Bildung und radioaktiver Umwandlung abschätzen. Es liegt zwischen Bruchteilen eines Gramms bei den sehr kurzlebigen Radionukliden und einigen Tonnen bei den langlebigen.

Nach ihrer Entstehung in der Atmosphäre gehen die Radionuklide - ausgenommen radioaktive Edelgase - chemische Reaktionen, insbesondere mit Luftsauerstoff, ein. Die nicht gasförmigen Oxide lagern sich an Aerosole an, deren Bewegung sich nicht wesentlich von der der Luftmoleküle selbst unterscheidet. Bei der Kondensation der Feuchte in der Troposphäre werden diese Aerosole an Wassertropfen gesammelt und dann relativ schnell mit dem Niederschlag ausgewaschen. Die im gasförmigen Zustand vorhandenen Radionuklide wie ^{14}C, ^{39}Ar und ^{81}Kr werden langsamer aus der Atmosphäre entfernt, vorwiegend durch Molekularaustausch an der Oberfläche der Ozeane. Über die Assimilation gelangt ein Teil des ^{14}C in die Biosphäre, so daß alle lebenden Pflanzen und Tiere mit ^{14}C markiert sind. Tritium nimmt als HTO am Wasserkreislauf teil (vgl. Abb. 2).

Die kosmogenen Radionuklide werden demnach durch natürliche Stofftransportprozesse von der Atmosphäre auf das gesamte geosphärische Austauschsystem verteilt. Die Aufteilung auf die geosphärischen Hauptreservoire (vgl. Tab. 2) wird wesentlich durch die Halbwertszeit des betreffenden Radionuklids und durch sein geochemisches Verhalten bzw. das seiner Trägersubstanz bestimmt.

Die kurzlebigen Radionuklide, beispielsweise ^{32}P, sind vorwiegend in der Atmosphäre zu finden, da sie sich in der Zeit, die sie benötigen würden, um in andere geosphärische Reservoire zu gelangen, schon zu einem Großteil in ihre Folgenuklide umgewandelt haben. Dagegen können die Radionuklide mit großen Halbwertzeiten, z.B. ^{10}Be und ^{26}Al, die langen Transportzeiten überleben und somit in alle geosphärischen Reservoire eindringen [5, 6]. Entsprechend dem Anteil der Meeresoberfläche an der gesamten Erdoberfläche sind daher 71% des Gesamtinventars von ^{10}Be und ^{26}Al am Meeresboden ab-

Tabelle 2 Anteil geosphärischer Reservoire am natürlichen Gesamtinventar einiger kosmogener Radionuklide

Radionuklid	Halbwertszeit	relativer Anteil Stratosphäre	Troposphäre	Festland	obere Meeresschicht	Tiefsee	Meeresablagerung
^{10}Be	$1{,}5 \cdot 10^6$ a			0,29			0,71
^{26}Al	$7{,}4 \cdot 10^5$ a			0,29			0,71
^{81}Kr	$2{,}1 \cdot 10^5$ a	0,16	0,82				
^{14}C	5730 a		0,02	0,04	0,02	0,92	
^{3}H	12,43 a	0,07		0,27	0,35	0,30	
^{32}P	14,2 d	0,60	0,24	0,05	0,11		

gelagert. ^{81}Kr ist ebenfalls langlebig; als Edelgas verbleibt es aber in der Atmosphäre.

Am weitesten verbreitet sind Tritium und ^{14}C. Letzteres nimmt am CO_2-Kreislauf teil, dringt in die Biosphäre ein, ist im Wasser als Bikarbonat gelöst und somit auch im Grund- und Meerwasser vorhanden.

3. Anwendungsmöglichkeiten kosmogener Radioniklide in der Umweltforschung

Die geosphärischen Stoffe einschließlich der Umweltmedien sind auf natürliche Weise mit kosmogenen Radionukliden markiert, so daß diese als Indikatoren für die Untersuchung geosphärischer Prozesse genutzt werden können. Hierzu gehören die Beiträge zur Lösung eines der gegenwärtig wichtigsten globalen Umweltprobleme, des CO_2-Problems, die sich aus der Untersuchung der Verteilung von ^{14}C im CO_2-Kreislauf ergeben [7], oder das Studium von Austausch- und Mischungsvorgängen in den oberen Meeresschichten auf der Basis der Verteilung kosmogenen sowie Wasserstoffbomben-Tritiums und -^{14}C im Wasserkreislauf [8, 9, 10].

Eine weitere Gruppe unikaler Anwendungen basiert auf der Nutzung der spezifischen Eigenschaft der Radionuklide, ihrer spontanen Umwandlung. Die Zahl N der Atome eines Radionuklids in einem Reservoir vermindert sich pro Zeiteinheit infolge radioaktiver Umwandlung um

$$\frac{dN}{dt} = -\frac{\ln 2}{T_{1/2}} N; \qquad (2)$$

$T_{1/2}$ ist die Halbwertszeit des Radionuklids. Im einfachsten Fall, bei einem vom Stoffaustausch abgeschlossenen Reservoir (z. B. Tiefseesediment), ergibt sich aus Gl. (2):

$$N(t) = N(O)e^{-\frac{ln2}{T_{1/2}} \cdot t} \quad (3)$$

wobei $N(O)$ die anfangs und $N(t)$ die nach der Zeit t vorhandene Zahl der Atome des Radionuklids darstellen. Mit diesen Radionukliden können also primär Verweilzeiten, Austauschraten zwischen Reservoiren und Alter geologischer Objekte bestimmt werden. ^{10}Be ist zum Beispiel zur Datierung von Tiefseesedimenten bis zu einem Alter von mehr als 2 Millionen Jahren geeignet [11]. ^{14}C kann ebenfalls zur Datierung von Sediment- und Eisschichten [12] sowie von Grundwasser [13] genutzt werden, wobei der erfaßbare Zeitraum entsprechend der geringeren Halbwertszeit bis zu 50000 Jahre zurück reicht. Gemeinsam mit anderen isotopenphysikalischen und -geochemischen Untersuchungen dienen diese Datierungen auch der Klärung globaler Umweltprobleme, z.B. der Erforschung der Klimaentwicklung während und nach der Eiszeit [14]. ^{14}C hat überdies noch ein bereits als klassisch zu bezeichnendes Anwendungsgebiet, die archäologische Altersbestimmung [15].

Tritium ist besonders für Untersuchungen von Teilreservoiren des Wasserkreislaufs, in denen die Verweilzeit in der Größenordnung der Tritium-Halbwertszeit (12,4a) liegt, geeignet; das sind u.a. die atmosphärische Feuchte, kontinentale Oberflächenwässer, oberflächennahe Grundwässer, die obere Meeresschicht sowie Schnee- und Firnschichten von Gletschern [16].

Kombinierte Tritium- und ^{14}C-Untersuchungen ermöglichen die Datierung von Grundwasser und können zur Geschütztheitsbewertung von Grundwasserlagerstätten beitragen [17]. Die Verweilzeitverteilung des Grundwassers läßt sich jedoch nicht lückenlos mit diesen beiden Radionukliden erfassen. Wegen seiner relativ kurzen Halbwertszeit reicht Tritium nur bis etwa 50 Jahre; andererseits sind mit ^{14}C Verweilzeiten erst oberhalb 1000 Jahre hinreichend genau bestimmbar. Von aktuellem Interesse sind deshalb ^{39}Ar und ^{32}Si, da sie wegen ihrer günstigen Halbwertszeiten geeignet wären, die zwischen 50 und 1000 Jahren bestehende Datierungslücke zu schließen [18, 19]. Grundwässer mit Verweilzeiten in der Größenordnung von 100000 Jahren könnten mit ^{36}Cl datiert werden [20].

Um Eis, das in den frühen Stufen der letzten Vereisung gebildet wurde, datieren zu können, werden gleichzeitige Messungen von ^{36}Cl und ^{10}Be angestrebt. Das Verhältnis der Konzentration von ^{36}Cl und ^{10}Be ist unabhängig von möglichen Schwankungen der Erzeugungsraten, so daß man erwartet, 100000 Jahre altes Eis auf weniger als ± 10000 Jahre genau datieren zu können. Diese relativ präzise Datierung wäre eine wichtige Voraussetzung für eine zuverlässige Interpretation von Sauerstoffisotopenmessungen an Eiskernen, die auf drastische Temperatur- und damit Klimaänderungen am Ende der Eem-Warmzeit (vor etwa 120000 Jahren) hinweisen [14].

4. Zur Messung kosmogener Radionuklide

Trotz der multidisziplinären Anwendbarkeit und der einzigartigen Aussagemöglichkeiten kosmogener Radionuklide blieb bisher ihre praktische Nutzung in den Geowissenschaften und in der Umweltforschung nur wenigen Spezial-laboratorien vorbehalten. Wegen der sehr geringen Konzentration dieser Radionuklide in den Umweltmedien ist ihre Messung recht aufwendig, wie am Beispiel von Tritium gezeigt werden soll.

Die 3,5 Kilogramm kosmogenen Tritiums (Tab. 1) verteilen sich als HTO auf insgesamt $1{,}3 \cdot 10^{21}$ kg Wasser, so daß im Wasserkreislauf durchschnittlich 1 Tritiumatom auf 10^{20} stabile Wasserstoffatome kommt. Durch die ungleichmäßige Verteilung und durch zusätzliches, anthropogenes Tritium (s. u.) haben die bei Tritiumanwendungen zu analysierenden Niederschlags- und oberflächennahen Grund- oder Meerwasserproben etwas höhere Tritiumgehalte. Die entsprechenden Atomzahlverhältnisse von Tritium- und Wasserstoffatomen liegen meist zwischen 10^{-19} und 10^{-16}. Bei der unteren Grenze von $T/H = 10^{-19}$ sind demnach rund 10^7 Tritiumatome in einem Kilogramm Wasser vorhanden, von denen sich nach Gl. (2) nur etwa ein Tritiumatom pro Minute entsprechend der Reaktion

$$^{3}_{1}\mathrm{H} \rightarrow {}^{3}_{2}\mathrm{He} + \beta^- \qquad (4)$$

in ein Atom des stabilen Heliumisotops ^{3}He umwandelt. Obwohl diese Umwandlungsrate pro kg Wasser, die sogenannte spezifische Aktivität, sehr gering ist, bietet ihre Messung die einzige Möglichkeit des Nachweises solch extrem kleiner Tritiumgehalte.

Nach Gl. (4) kann die spezifische Aktivität entweder über die Registrierung der bei der Umwandlung der Tritium-Atomkerne emittierten β-Teilchen mit einem empfindlichen Strahlungsdetektor (Gasionisationsdetektor oder Flüssigkeitsszintillationszähler) oder über die massenspektrometrische Messung der sich bildenden ^{3}He-Menge bestimmt werden. Da es sich in beiden Fällen um die Zählung von zufälligen Ereignissen (radioaktive Umwandlungen) handelt, ist der Zählfehler gleich der Wurzel aus der Anzahl der beobachteten Ereignisse. Neben den Tritiumumwandlungen (Meßeffekt) werden jedoch stets auch unerwünschte Ereignisse (Nulleffekt) mit registriert, so daß für eine vorgegebene Meßunsicherheit der reine Meßeffekt entsprechend größer sein muß. Um eine Meßunsicherheit von weniger als 10% zu erreichen, muß man in praxi etwa Tausend β-Teilchen von Tritium-Umwandlungen mit einem Strahlungsdetektor registrieren oder – bei der massenspektrometrischen Methode – die Bildung von einigen Tausend ^{3}He-Atomen abwarten.

Bei Meßzeiten von größenordnungsmäßig 1000 min kann man demnach noch Tritiumgehalte bis herab zu $T/H = 10^{-19}$ bestimmen, wenn man von Probenmengen in der Größenordnung 1 kg ausgeht. Voraussetzung hierfür sind: möglichst verlustarme und kontaminationsfreie sowie reproduzierbare Überführung der kleinen Tritiumgehalte großer Probenmengen in das empfindliche Volumen des Strahlungsdetektors; Detektoren mit geringem Nulleffekt [21].

Die massenspektrometrische Bestimmung ist weniger aufwendig und kommt mit geringeren Probenmengen aus (ca. 40 g Wasser), die allerdings bis zu 6 Monate gelagert werden müssen, damit sich die erforderliche ^{3}He-Menge bildet. Außerdem liegen die Anschaffungskosten des Massenspektrometers etwa eine Größenordnung höher als die für einen Strahlungsdetektor-Meßplatz [22].

Auch zur Messung anderer kosmogener Radionuklide wie ^{10}Be, ^{26}Al und ^{14}C wird neben der radiometrischen Methode in zunehmendem Maße eine etwas modifizierte massenspektrometrische Methode – in Verbindung mit Teilchenbeschleunigern (Tandem-van-de-Graaff-Generator bzw. Zyklotron) – verwendet. Bei ^{14}C zum Beispiel erreicht man gegenwärtig mit Proportionalzählrohr-Meßplätzen, also mit der radiometrischen Methode, die höchsten Genauigkeiten, benötigt jedoch für eine Analyse eine Probenmenge, die einige Gramm Kohlenstoff enthält; das entspricht bei Eisdatierungen einigen Tonnen Eis, bei

Abb. 3 Apparatur zur Synthese von tritiumhaltigem Ethan als Zählgas für einen Tritium Proportionalzähler [17]

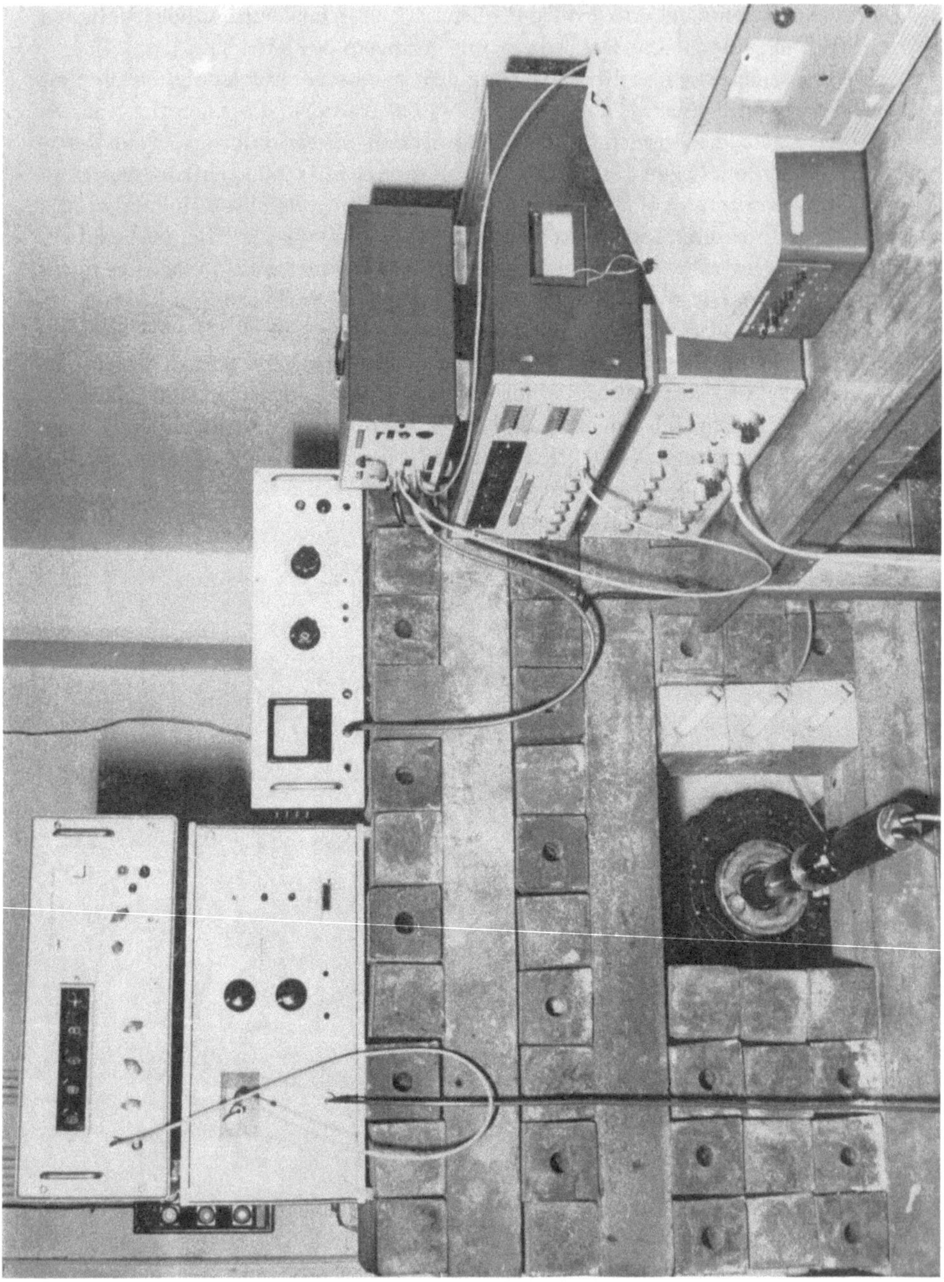

Abb. 4 Tritium-Proportionalzählermeßplatz mit Abschirmung [17]

Grundwasserdatierungen 50 bis 100 kg Wasser. Die Beschleuniger-Massenspektrometrie für ^{14}C erfordert dagegen lediglich einige Milligramm Kohlenstoff pro Analyse [12].

Da man Teilchenbeschleuniger praktisch nur in großen Forschungszentren betreiben kann, werden die radiometrischen Methoden auch in Zukunft zur Messung kosmogener Radionuklide dominieren.

Eine Übersicht über die an der Bergakademie entwickelten Meßverfahren für die kosmogenen Radionuklide Tritium, ^{14}C und ^{32}Si sowie für die radiogenen Radionuklide ^{222}Rn, ^{234}U und ^{238}U wird in [17] und [23] gegeben. Zwei Teilapparaturen sind in Abb. 3 und 4 dargestellt.

5. Umweltrelevante Anwendungen an der Bergakademie

Die Untersuchungen zur zeitlichen und räumlichen Verteilung der ausgewählten kosmogenen und radiogenen Radionuklide in der Umwelt werden zur Lösung von Problemen der Grundwassererkundung, des Grundwasserschutzes, der Montanhydrogeologie, des nuklearen Umweltschutzes, der Meeres- und der Antarktisforschung genutzt.

5.1. Hydrogeologische Anwendungen

Der Schwerpunkt der multidisziplinären Zusammenarbeit liegt auf der Untersuchung von Grundwässern, die gemeinsam mit der Sektion Geowissenschaften, Lehrstuhl Hydrogeologie, durchgeführt wird. Die Ergebnisse dieser Arbeiten dienen der Erkundung, der optimalen Nutzung und dem Schutz unserer Grundwasserlagerstätten.

5.1.1. Prinzip der hydrogeologischen Anwendungen

Kosmogene Radionuklide einschließlich ihrer möglichen anthropogenen Anteile gelangen über den einsickernden Niederschlag in das zu untersuchende Grundwassersystem. Ihre Verteilung im Grundwasser ist von Konvektions-, Dispersions-, Austausch- und Mischungsvorgängen abhängig und wird im besonderen von der durch die Halbwertszeit des jeweiligen Radionuklids charakterisierten radioaktiven Umwandlung beeinflußt. Die bei der Radionuklidanwendung direkt meßbaren Größen sind die spezifische Aktivität $a_0(t')$ zur Zeit t' des Eindringens in den Grundwasserbereich und die spezifische Aktivität $a(t)$ des zur Zeit t entnommenen Grundwassers. Gewöhnlich erfolgt die Probenahme aus Förderbrunnen.

Zur quantitativen Interpretation dieser Messungen geht man meist von Box-Modellen aus, in denen $a_0(t')$ und $a(t)$ die Input- bzw. Outputfunktionen bedeuten (Abb. 5). Für konstanten Durchfluß durch das System und konstantes Volumen sind Input- und Outputfunktion durch das Faltungsintegral

$$a(t) = \int_0^\infty a_0(t-\tau) f(\tau)\, e^{-\frac{\ln 2}{T_{1/2}}\tau}\, \mathrm{d}\tau \tag{5}$$

verknüpft, wobei $f(\tau)$ die Verteilung der unterirdischen Verweilzeit τ darstellt.

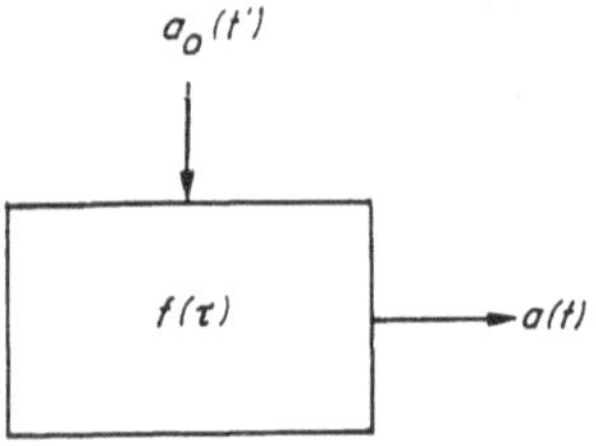

Abb. 5 Box-Modell eines Grundwassersystems

Ein gegebenes Modell des Grundwassersystems wird durch den Typ der Verweilzeitverteilungsfunktion und durch die Werte ihrer Parameter beschrieben. Zwei einfache Modelle sind das Piston-Flow-Modell (PFM) und das Exponentialmodell (EM); beim PFM ist $f(\tau)$ die Diracsche Deltafunktion und beim EM die Exponentialfunktion [23]. Für das PFM ergibt sich aus Gl. (5):

$$a(t) = a_0(t-\tau)e^{-\frac{\ln 2}{T_{1/2}}\tau}. \tag{6}$$

Das PFM ist zur Beschreibung eines bedeckten Grundwasserleiters mit im Vergleich zur Fließstrecke nicht sehr ausgedehntem Ernährungsgebiet geeignet (Abb. 6). In Gl. (6) bedeutet τ die Fließzeit, aus der bei bekannter Fließstrecke die mittlere Fließgeschwindigkeit bestimmt werden kann.

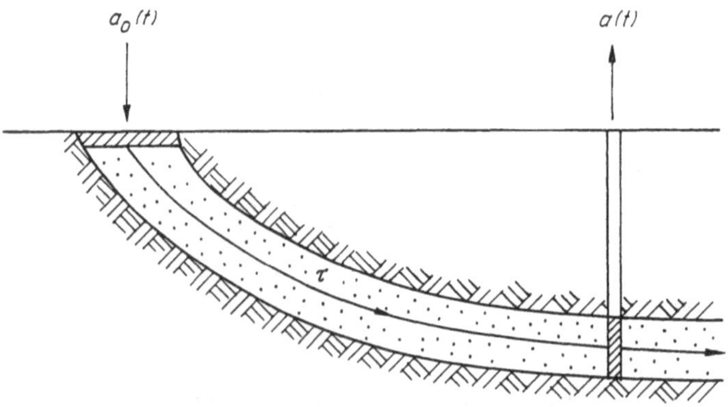

Abb. 6 Zum Piston-Flow-Modell

Das EM wird durch

$$f(\tau) = \frac{1}{\tau_m} e^{-\tau/\tau_m} \tag{7}$$

beschrieben, wobei τ_m die mittlere Verweilzeit darstellt.

$$(\tau_m = \int_0^\infty \tau f(\tau)\, d\tau).$$

Im Falle des in Abb. 7 dargestellten unbedeckten Grundwasserleiters ist τ_m durch

$$\tau_m = \frac{n_e H}{W} \tag{8}$$

mit hydrogeologisch relevanten Parametern verknüpft (n_e = entwässerbare Porosität, H = Mächtigkeit des Grundwasserleiters, W = Grundwasserneubildung.

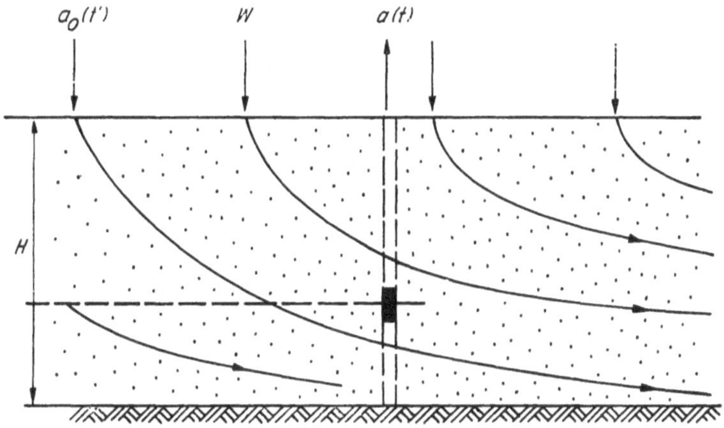

Abb. 7 Zum Exponentialmodell

Weitere Modelle und Möglichkeiten zur Bestimmung hydrogeologischer Parameter (z. B. des Anteils rezenten Wassers in altem Grundwasser) sind in [23] und [24] beschrieben. Nach [25] kann die aus den isotopenhydrogeologischen Untersuchungen bestimmbare Verweilzeitverteilungsfunktion auch zur

Geschütztheitsbewertung von Grundwasserlagerstätten beitragen.

Da das Verweilzeitspektrum sehr breit sein kann bzw. oft durch mehrere Parameter charakterisiert werden muß, ist es günstig, nicht nur ein Radionuklid, sondern gleichzeitig mehrere mit unterschiedlicher Halbwertszeit zu messen, z.B. Tritium, ^{32}Si und ^{14}C. Wegen seiner vergleichsweise kleinen

Halbwertszeit ist Tritium für die Bestimmung der Anteile rezenten Wassers, ^{32}Si und ^{14}C sind für die Bestimmung der Anteile älteren bzw. alten Wassers in entsprechend gemischtem Grundwasser geeignet.

Die hydrogeologische Auswertung nach Gl. (5) setzt die Kenntnis der Inputfunktionen voraus. Der Input kosmogener und anthropogener Radionuklide in das Grundwasser wird primär durch ihre spezifische Aktivität im Niederschlag (T, ^{32}Si) und/oder in der Atmosphäre (^{14}C, ^{39}Ar) bestimmt. Einige Radionuklide dieser Gruppe sind global annähernd gleichmäßig verteilt (^{14}C, ^{39}Ar), andere zeigen eine Breitenabhängigkeit (beispielsweise ^{32}Si), und beim Tritium muß mit regionalen, teilweise sogar mit lokalen Schwankungen gerechnet werden [26, 27].

Das natürliche kosmogene Tritium-Atomzahlverhältnis im Niederschlag beträgt im Jahresmittel $(5{,}5 \pm 0{,}7) \cdot 10^{-18}$. Durch die seit 1952 durchgeführten Wasserstoffbombenversuche erhöhte sich der Tritiumpegel um mehr als das Hundertfache (vgl. Abb. 8). Der im Jahre 1963 aufgetretene „Bombenpeak" im Niederschlag bildet meist die Grundlage für die Verwendung von Tritium zum Nachweis von jungem Grundwasser bzw. Jungwasseranteilen. Bedingt durch den Kernwaffenteststop 1963, die Auswaschung des Bombentritiums aus der Stratosphäre und die radioaktive Umwandlung von Tritium verminderte sich der Tritiumgehalt des Niederschlags nach 1963/64. Der Abfall wurde später durch chinesische und französische Kernwaffentests verzögert. Gegenwärtig liegen die Jahresmittelwerte des Tritium-Atomzahlverhältnisses im Niederschlag der DDR um $50 \cdot 10^{-18}$. Da Kernkraftwerke und Wiederaufarbeitungsanlagen ebenfalls Tritium in die Troposphäre abgeben, ist nicht zu erwarten, daß in absehbarer Zeit das uspröngliche kosmogene Niveau wieder erreicht wird.

Die Bestimmung der Inputfunktion für T und ^{32}Si aus den Niederschlagsdaten und für ^{14}C aus dem ^{14}C-Gehalt von atmosphärischem CO_2 wird in [28] näher erläutert.

5.2. *Praktisches Beispiel*

Zu den bisher am intensivsten mit natürlichen Radionukliden untersuchten Grundwasserlagerstätten der DDR gehört ein durch porös-klüftigen Buntsandstein aus der unteren Trias gebildeter Grundwasserleiter [29]. Das Grundwasser wurde in der Regel aus wasserwirtschaftlich genutzten Förderbrunnen entnommen (vgl. Abb. 9, oben), deren Filter sich nahezu über die gesamte Teufe (100–150 m) erstreckten.

Die über den Untersuchungszeitraum gemittelten Tritium- und ^{14}C-Meßwerte der in Hauptfließrichtung des Grundwassers liegenden Entnahmestellen (Abb. 9) spiegeln folgendes Verhalten wider:

(1) Die mittleren Tritium-Atomzahlverhältnisse liegen wenig, jedoch stati-

stisch signifikant über der experimentellen Nachweisgrenze, die $T/H = 1 \cdot 10^{-18}$ betrug.

(2) Die auf die Masseneinheit des im Grundwasser als Bikarbonat gelösten Kohlenstoffs bezogene ^{14}C-Aktivität nimmt mit wachsender Entfernung von der Ernährungsgebietsgrenze in Hauptfließrichtung ab. Bei einer Entfernung

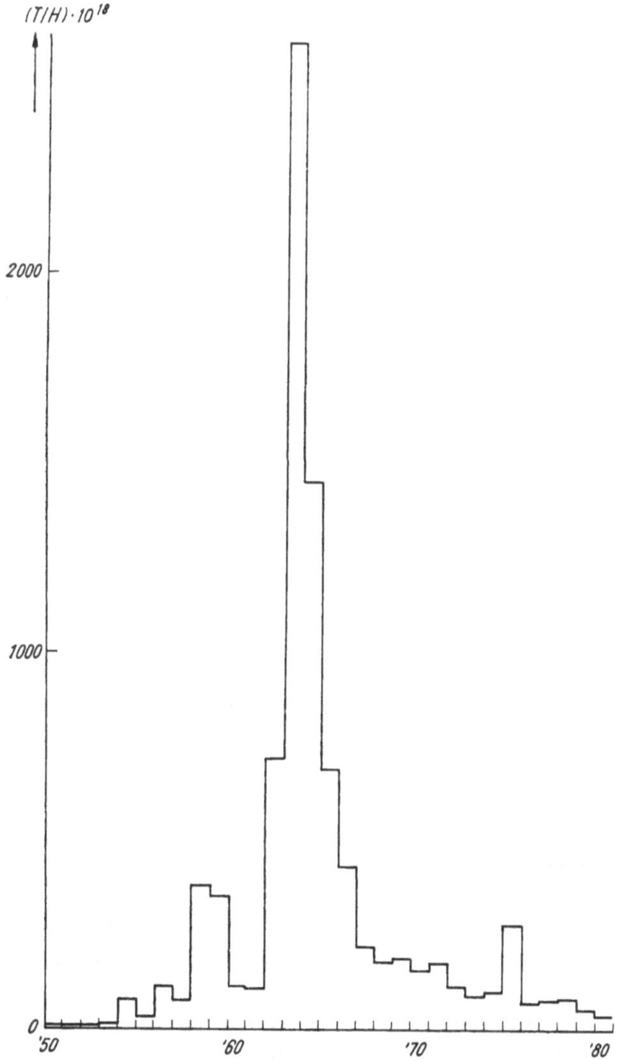

Abb. 8 Jahresmittel des Tritium-Atomzahlverhältnisses im Niederschlag Freibergs (nach [23])

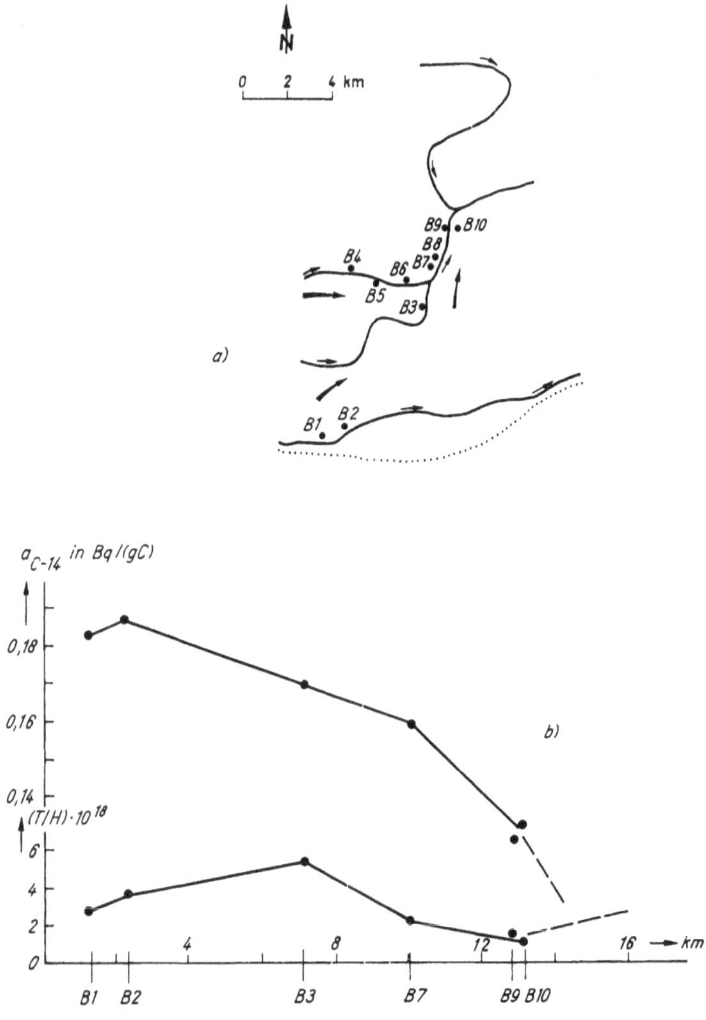

Abb. 9 Lage der Probenahmestellen (a) und Ergebnisse der T- und ^{14}C-Messungen (b) an einem Festgesteinsgrundwasserleiter

von 12 km beträgt der Abfall fast 50% des Anfangswertes, so daß die mittlere Verweilzeit in der Größenordnung der ^{14}C-Halbwertszeit, d.h. bei einigen tausend Jahren liegt.

Die ^{14}C-Meßwerte weisen auf relativ altes Grundwasser hin, in dem das Tritium auf unmeßbar kleine Gehalte infolge radioaktiver Umwandlung abgeklungen sein müßte. Da jedoch Tritium gemessen wurde, ist offensichtlich das Grundwasser kein „abgeschlossenes System“, sondern es infiltriert junges, tritiumreicheres Wasser. Das untersuchte Grundwasser stellt somit eine Mischung von jungem und altem Wasser dar.

Die quantitative Auswertung dieser Meßergebnisse auf der Basis eines aus PFM und EM kombinierten Modells ergibt die in Abb. 10 dargestellten Werte für den Jungwasseranteil (Anteil am Grundwasser, der nach 1952 neugebildet wurde [23]) und die mittlere Verweilzeit für die einzelnen in Hauptfließrichtung liegenden Brunnen. Aus dem Jungwasseranteil können Aussagen zur Geschütztheit des Grundwassers gegenüber Kontaminationen [25] gewonnen werden, und aus der mittleren Verweilzeit der im bedeckten Teil dieser Grundwasserlagerstätte liegenden Brunnen läßt sich die Grundwasserfließgeschwindigkeit berechnen; für letztere ergibt sich ein mittlerer Wert von etwa 2,5 m/a.

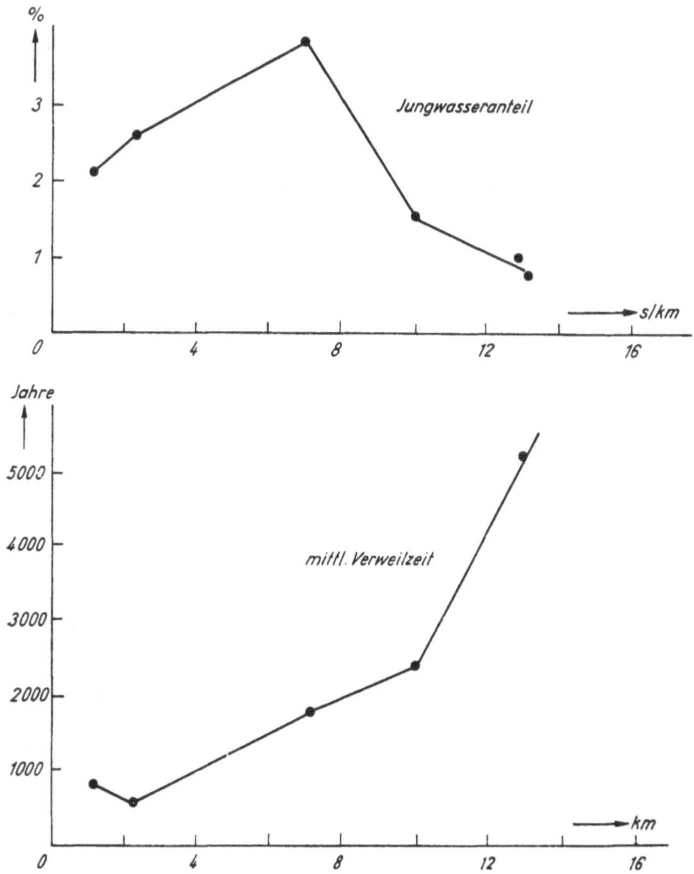

Abb. 10 Änderung von Jungwasseranteil und mittlerer Verweilzeit in Hauptfließrichtung

Weitere hydrogeologische Anwendungen sind in [25] zusammengefaßt dargestellt. In [30] und [31] werden erste Ergebnisse der Anwendung radiogener Radionuklide mitgeteilt.

5.3. Beiträge zur Meeresforschung

Für die Meeresforschung der DDR ist die Ostsee das wichtigste Areal. Zur Beurteilung ihrer anthropogenen Belastung durch Abstoffe gilt es, eine Vielzahl von Stofftransport- und -umwandlungsprozessen einschließlich Sedimentationsprozessen zu untersuchen. Dabei können Radionuklide wie Tritium als natürliche Indikatoren dieser Prozesse und in einigen Fällen (z.B. ^{210}Pb, ^{14}C) auch zur Datierung von Sedimentabfolgen genutzt werden [32].

Im Rahmen der Zusammenarbeit mit dem Institut für Meereskunde der AdW der DDR, Warnemünde, wurden bisher während zweier Ostseefahrten des Forschungsschiffes „A. v. Humboldt" 1980 und 1981 Wasserproben für T-, ^{238}U- und ^{234}U-Analysen sowie Sedimentproben für ^{14}C-Datierungen gewonnen. Die Resultate der Tritiummessungen an den 1980 entnommenen Ostseewasserproben sollen hier mitgeteilt und zur Abschätzung des Tritiuminventars der Ostsee im Untersuchungszeitraum verwendet werden (vgl. auch [33]).

Abb. 11 gibt die spezifische Tritiumaktivität[1] a_T und den Salzgehalt S in Abhängigkeit von der Entnahmetiefe der Wasserproben für einzelne Entnahmestationen wieder. Daraus ist ersichtlich, daß das salzreichere Wasser unterhalb der halinen Sprungschicht weniger Tritium enthält als das oberhalb dieser Schicht entnommene salzärmere Wasser. Dieses Ergebnis steht im Einklang mit dem bekannten Verhalten des Wasseraustauschs der Ostsee [34].

Das über die Belte und den Sund eindringende Nordseewasser breitet sich infolge seiner höheren Dichte in der bodennahen Schicht der Ostsee aus. Das Nordseewasser ist relativ tritiumarm und hatte nach eigenen Messungen an Oberflächenproben am Eintritt zum Kattegat zwischen 1974 und 1976 eine spezifische Tritiumaktivität von 2,4 Bq/l. Dieser Wert kann näherungsweise auch für das Jahr 1980 zugrunde gelegt werden. Die etwas höhere spezifische Tritiumaktivität des bodennahen Wassers im Fehmarnbelt von 3,9 Bq/l weist auf eine Zumischung von tritiumreicherem oberflächennahem Wasser hin. Diese Zumischung verstärkt sich mit dem weiteren Vordringen des salzreichen Wassers; die Salzgehalte nehmen ab und die spezifischen Tritiumaktivitäten zu.

Das nahezu homohaline Oberflächenwasser steht unter dem überwiegenden Einfluß der Festlandabflüsse, des Niederschlags und der Verdunstung. Niederschlag und Flußwasser hatten im Gebiet der Ostsee während der letzten Jahre spezifische Tritiumaktivitäten um 10 Bq/l. Das oberhalb der halinen Sprungschicht entnommene Wasser sollte deshalb mehr Tritium als das von unterhalb

[1] Das Tritium-Atomzahlverhältnis von $T/H = 1 \cdot 10^{-18}$ entspricnt einer spezifischen Tritiumaktivität von 0,118 Bq/l (Wasser).

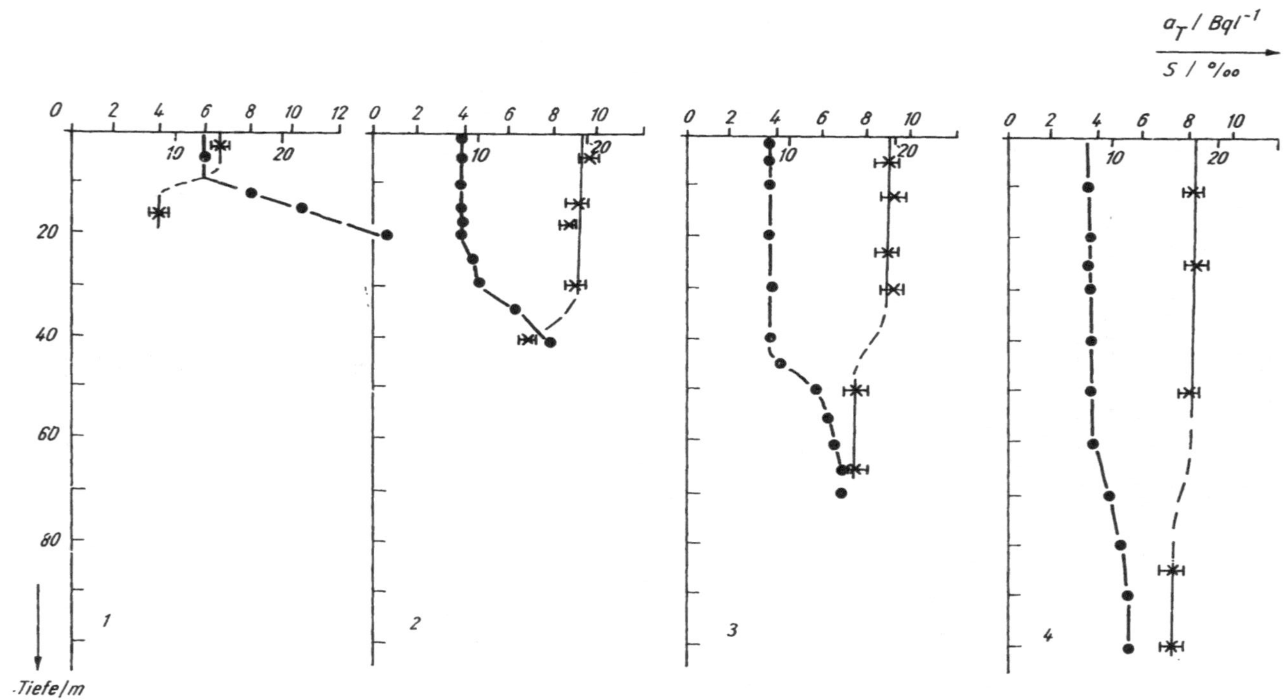

Abb. 11 Tritium- und Salzgehalt an Abhängigkeit von der Wassertiefe einiger Ostsee-Stationen
1 – Fehmarnbelt, 2 – Arkonabecken, 3 – Bornholmmulde, 4 – Gotlandsee
(x — a_r, ● — S)

dieser Schicht aufweisen. Diese unterschiedlichen Tritiumgehalte wurden tatsächlich nachgewiesen, wie aus Abb. 11 ersichtlich ist (insbesondere für die Stationen im Fehmarnbelt, im Arkonabecken und in der Bornholmmulde).

Zusammenfassend läßt sich aus diesen ersten Tritiumergebnissen schließen, daß das im Ostseewasser vorhandene Tritium bei Fortführung dieser Untersuchungen zusätzliche Informationen über umweltrelevante Transport- und Austauschvorgänge in der Ostsee vermitteln kann.

Trägt man die spezifischen Tritiumaktivitäten über die zugehörigen Salzgehalte auf, so wird ein linearer Zusammenhang beider Meßgrößen deutlich. Eine Regressionsanalyse ergibt die Beziehung

$$a_T/\mathrm{Bql}^{-1} = 10{,}79 - 0{,}263 \cdot S/{}^0/_{00}, \qquad (9)$$

der Regressionskoeffizient beträgt $r = -0{,}83$ [33]. Dieser empirische Sachverhalt weist darauf hin, daß sich die Ostsee im Untersuchungszeitraum bezüglich des Tritiumhaushaltes in einem quasistationären Zustand befand.

Unter der Voraussetzung, daß die Tritium- und Salzgehalte an den beprobten Stationen repräsentativ für das jeweilige Teilgebiet der Ostsee sind, kann deren Tritiuminventar abgeschätzt werden. Hierzu wird die über die Wassertiefe gemittelte spezifische Tritiumaktivität mit dem Wasservolumen des betreffenden Teilgebietes multipliziert (vgl. Tab. 3). Für den nicht beprobten Finnischen und den Bottnischen Meerbusen wird die mittlere spezifische Tritiumaktivität aus den mittleren Salzgehalten, die zu $(6 \pm 0{,}5)^0/_{00}$ bzw. $(5 \pm 0{,}5)^0/_{00}$ abgeschätzt wurden, mit Hilfe von Gl. (9) bestimmt. Somit ergibt sich für den Untersuchungszeitraum eine Tritiumaktivität der Ostsee von (181 ± 4) PBq, die einer Tritiummasse von 0,5 kg entspricht. Mehr als 95% dieses Tritiums rühren von den Wasserstoffbombenversuchen her, der Rest von der Produktion durch die kosmische Strahlung. Bei weiterem Rückgang des Bombentritiums

Tabelle 3 Zum Tritiuminventar der Ostsee im Jahre 1980

	Wasser-volumen km^3	mittl. spez. T-Aktivität Bql^{-1}	T-Aktivität PBq
Arkonabecken	430	$8{,}80 \pm 0{,}24$	$3{,}8 \pm 0{,}1$
Bornholmmulde	1780	$8{,}69 \pm 0{,}24$	$15{,}5 \pm 0{,}4$
Gdánsker Bucht	1460	$8{,}69 \pm 0{,}24$	$12{,}7 \pm 0{,}4$
übrige Gotlandsee	9250	$8{,}09 \pm 0{,}36$	$74{,}8 \pm 3{,}3$
Rigaer Bucht	410	$8{,}69 \pm 0{,}24$	$3{,}6 \pm 0{,}1$
Finnischer Meerbusen	1100	$9{,}16 \pm 0{,}24$	$10{,}1 \pm 0{,}3$
Bottnischer Meerbusen	6370	$9{,}52 \pm 0{,}24$	$60{,}6 \pm 1{,}5$
gesamte Ostsee	20800	$8{,}7 \pm 0{,}2$	181 ± 4

wird der Anteil des durch Kernenenergieanlagen in die Umwelt abgegebenen Tritiums steigen und sich auch im Ostseewasser bemerkbar machen. Die Erfassung des Tritiuminventars der Ostsee wird deshalb in Zukunft an Bedeutung zunehmen.

Auf der Grundlage der bisher vorliegenden Meßergebnisse konnte auch eine Bilanz der Uraniumisotope ^{238}U und ^{234}U in der Ostsee aufgestellt werden [35]. Es wurde eine Gesamtmasse von Uranium in der Ostsee von 25000 t abgeschätzt, die zu mehr als 99% in gelöster Form vorliegt. Das mittlere Aktivitätsverhältnis von ^{234}U zu ^{238}U beträgt 1,16. Das Uranium ist natürlichen Ursprungs und gelangt zum überwiegenden Teil mit dem salzreichen Nordseewasser in die Ostsee, wie eine Korrelation zwischen Uranium- und Salzgehalt des Ostseewassers ergibt.

5.4. Beiträge zur Antarktisforschung

Die Antarktisforschung vermag bedeutende Beiträge zur Lösung globaler Umweltprobleme, beispielsweise der Klimaentwicklung, zu leisten. Die Schichten der Eiskappe Antarktikas sind – wie die Seiten eines Buches – eine reiche Quelle von Informationen über vergangene kosmogene und geosphärische Prozesse und Bedingungen. Alle Arten des atmosphärischen Fallouts werden an der Oberfläche mit dem Schnee abgelagert (Abb. 12). Nachdem sich der Schnee in Eis umgebildet hat, bleibt dessen stoffliche und somit auch isotopi-

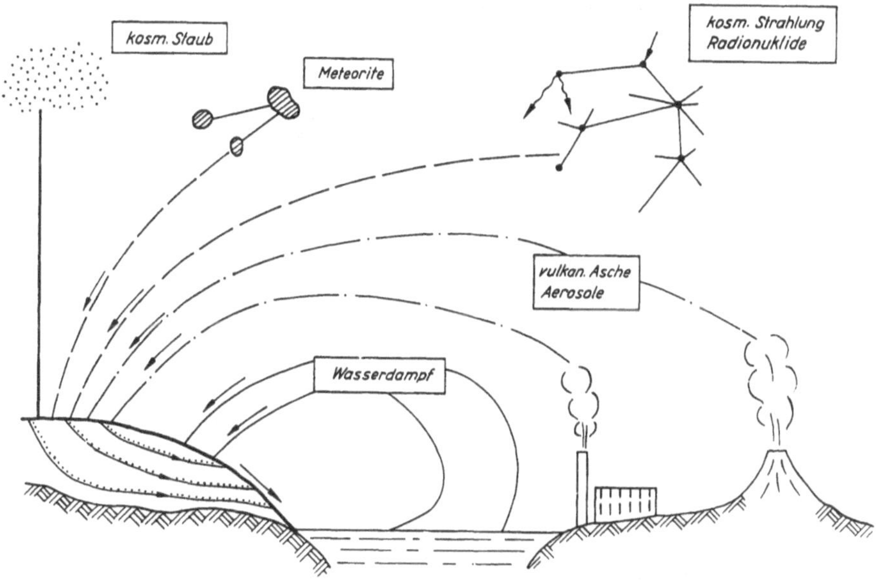

Abb. 12 Zur Herkunft und zu den Transportwegen der in Antarktika abgelagerten Stoffe

sche Zusammensetzung konstant, abgesehen von der spontanen Umwandlung bei Radionukliden. Daher kann der zeitliche Verlauf vieler geophysikalischer und geochemischer Parameter (z. B. die Variation der Eisakkumulationsrate, die Änderung der Bildungstemperatur des Eises, die ein Maß für Klimaänderungen ist, Variationen der Deposition kosmischen Staubes, der Intensität der kosmischen Strahlung und der vulkanischen Aktivität) rekonstruiert werden, indem man die chemische und isotopische Zusammensetzung von Eiskernen aus Tiefbohrungen untersucht. Natürliche Radionuklide, die ebenfalls im Eis eingeschlossen sind, ermöglichen vor allem die Bestimmung des Zeitpunktes der Deposition der analysierten Schichten und damit die zeitliche Zuordnung

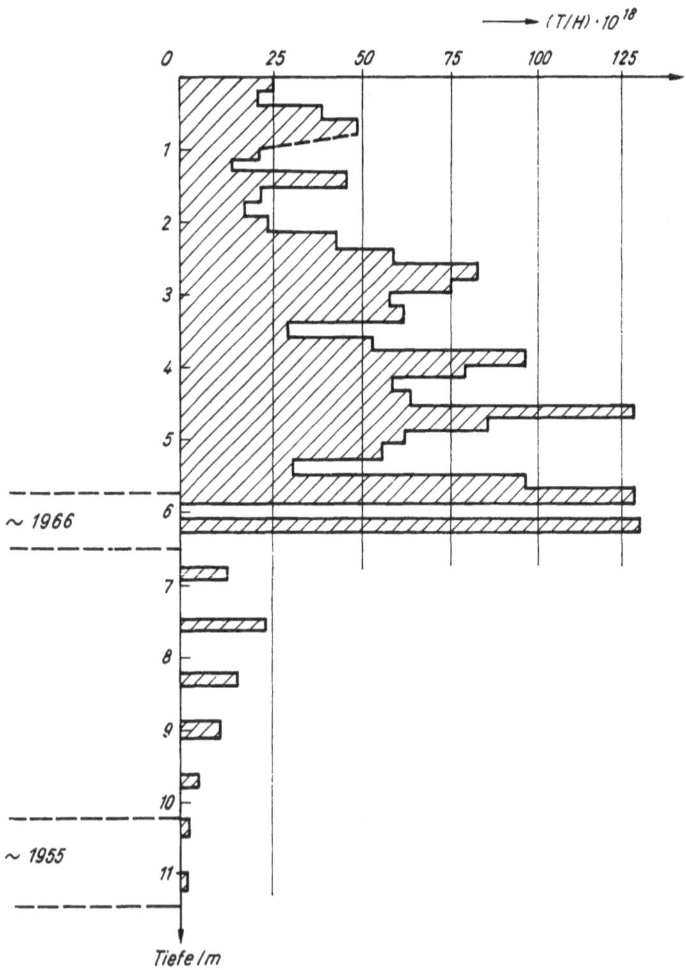

Abb. 13 Tritium-Atomzahlverhältnis in Abhängigkeit von der Tiefe in einem Firnprofil

der untersuchten Erscheinungen und Prozesse [14, 40]. Man kann aber auch aus Radionuklidmessungen an antarktischem Probenmaterial, das nicht aus Tiefbohrungen gewonnen wurde, zur Lösung von glaziologischen und anderen umweltrelevanten Problemen beitragen, wie nachfolgend an zwei Beispielen demonstriert werden soll.

Im Rahmen des langfristigen, vom Zentralinstitut für Physik der Erde der AdW der DDR, Potsdam, koordinierten Antarktisforschungsprogramms der DDR werden von der Bergakademie Freiberg seit 1975 Radionuklidunter-suchungen durchgeführt [36, 37, 38, 39]. Eines der bisherigen Ergebnisse von Tritiummessungen an Schnee und Firn zeigt Abb. 13. Es handelt sich um Proben, die während des antarktischen Sommers 1975/76 von der Oberfläche bis zu einer Tiefe von 11 m an einem Punkt auf dem Hays-Gletscher — ca. 50 km von der sowjetischen Station Molodeshnaja entfernt - entnommen wurden. Bei der Interpretation dieses Tritium-Profils ist zu berücksichtigen, daß das ab 1952 in die Atmosphäre injizierte Bombentritium infolge des inter-hemisphärischen Luftmassenaustauschs in Antarktika erst ab 1955/56 zu einem merklichen Anstieg des Tritiumgehalts im Niederschlag führte [41]. Auch der

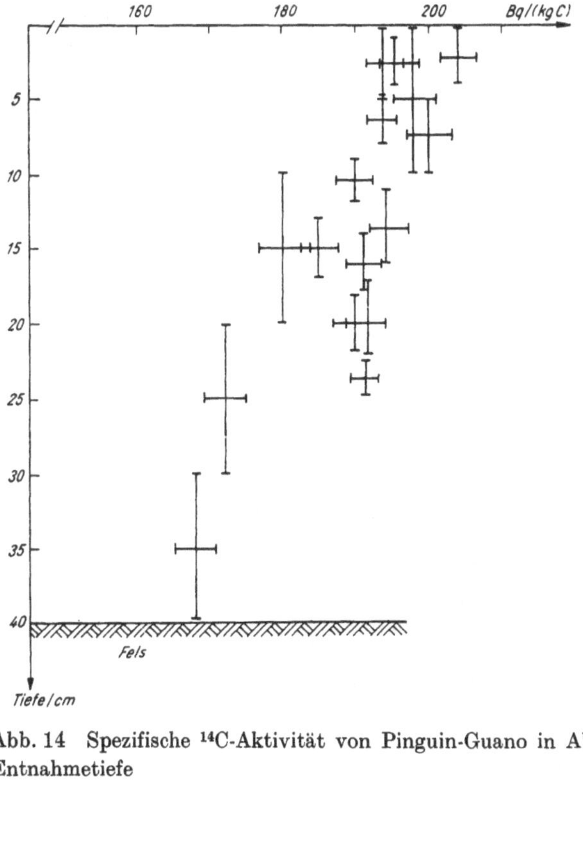

Abb. 14 Spezifische ^{14}C-Aktivität von Pinguin-Guano in Abhängigkeit von der Entnahmetiefe

Bombentritium-Peak, der 1963 im Niederschlag der Nordhemisphäre auftrat (vgl. Abb. 8), wurde in antarktischen Niederschlägen erst 1965/66 beobachtet.

Aus Abb. 13 ist ersichtlich, daß die dem Jahr 1955 entsprechende Grenze des natürlichen Tritiumniveaus in einer Tiefe von 10 bis 11 m und das dem Jahr 1966 entsprechende Tritiummaximum bei etwa 6 m lag. Aus diesem Ergebnis und der gemessenen Dichte des Firns von $(0{,}45 \pm 0{,}05)$ g/cm^3 läßt sich die mittlere Firn-Akkumulationsrate für das untersuchte Gebiet des Hays-Gletschers berechnen; sie beträgt (29 ± 5) g Wasser pro cm^2 und Jahr.

Abschließend soll auf ein Beispiel einer ^{14}C-Untersuchung in Antarktika hingewiesen werden, aus dem die multidisziplinäre Nutzbarkeit natürlicher Radionuklide besonders deutlich wird.

Während der antarktischen Sommer 1975/76 und 1977/78 wurden von drei Brutstätten der Adelie-Pinguine in der Nähe der sowjetischen Station Molodeshnaja Guano-Schichten entnommen. Die ^{14}C-Meßergebnisse dieser Proben (Abb. 14) weisen auf einen ^{14}C-Abfall mit zunehmender Tiefe hin, der auf die radioaktive Umwandlung des ^{14}C zurückzuführen ist.

Die quantitative Auswertung des bisher vorliegenden Datenmaterials ergibt u.a. für das Alter der tiefsten Guano-Schicht einen Wert von (1500 ± 500) Jahre [42]. Seit mehr als 1000 Jahren brüten demnach die Adelie-Pinguine in der Nähe von Molodeshnaja. Da Adelie-Pinguine auf eisfreien Plätzen brüten und nur kleine Temperaturschwankungen tolerieren, muß der Küstenbereich um Molodeshnaja, die Alaschejew-Bucht, bei relativ stabilen klimatischen Bedingungen mindestens 1000 Jahre eisfrei sein.

Literatur

[1] K. Fröhlich, Laudatio für Max Weidig. Z. Physiother. **33** (1081), 215–218.

[2] C. Schiffner, M. Weidig, Radioaktive Wässer in Sachsen, (4 Bände) Craz und Gerlach, Freiberg 1908, 1909, 1911 und 1912.

[3] P. Ludewig, Die Vereinheitlichung der Meßweise radioaktiver Quellen, ihre Beratung und Durchführung auf der Freiberger Tagung am 27./28. Mai 1921, Jahrbuch für das Berg- und Hüttenwesen in Sachsen, 1921, S. 9.

[4] D. Lal, B. Peters, Cosmic Ray Produced Radioactivity on the Earth. In: Handbuch der Physik, Bd. 46/2, S. Flügge u. K. Sitte, Berlin 1967, S. 551–612.

[5] G. M. Raisbeck u. a. Be concentration and residence time in the deep ocean. Earth Planet. Sci. Lett. **51** (1980), 275–278.

[6] Y. Yokoyama, u. a., Oceanic residence times of dissolved beryllium and aluminium deduced from cosmogenic tracers ^{10}Be and ^{26}Al. Science **201** (1978), 1016.

[7] U. Siegenthaler, M. Heimann, H. Oeschger, ^{14}C variations caused by changes in the global carbon cycle. Radiocarbon **22** (1980) 177–191.

[8] H. G. Östlund, R. A. Fine, Oceanic distribution and transport of tritium. In: Behaviour of tritium in the environment. IAEA Vienna 1979, S. 303–314.

[9] W. Roether, K. O. Münnich, H. Schoch, On the ^{14}C to tritium relationship in the North Atlantic Ocean. Radiocarbon **22** (1980) 636–646.

[10] W. S. Broecker, T.-H. Peng, T. Takahashi, A strategy for the use of bomb-produced radiocarbon as a tracer for the transport of fossil fuel CO_2 into the deep-sea source regions. Earth Planet. Sci. Lett. **49** (1980) 463.

[11] T. Inoue, S. Tanaka, ^{10}Be in marine sediments. Earth environment and cosmic ray. Nature **277** (1979) 209–210.

[12] J. Beer u. a., ^{14}C-dating of ice with accelerator-based mass spectrometry. Int. Conf. on Low-Level Radioactivity Measurements. Berlin(West) 6.–10. 4. 1981. IAEA-SM-252/12.

[13] K. O. Münnich, Isotopendatierung von Grundwasser. Naturwiss. **55** (1968) 158.

[14] W. Dansgaard, Ice core studies: dating the past to find the furure. Nature **290** (1981), 360–361.

[15] W. F. Libby, Altersbestimmung mit der ^{14}C-Methode. BI-Hochschultaschenbücher. Mannheim/Zürich 1969.

[16] Behaviour of tritium in the environment. IAEA, Vienna 1979.

[17] K. Fröhlich, H. Jordan, D. Hebert, Radioaktive Umweltisiotope in der Hydrogeologie. Freiberger Forschungshefte C 330. Verlag f. Grundstoffindustrie Leipzig, 1977.

[18] R. Kater, K. Fröhlich, Einsatz des Radionuklids ^{32}Si in der hydrogeologischen Forschung. Z. angew. Geol. **23** (1977), 135.

[19] H. Loosli, H. Oeschger, ^{39}Ar-, ^{14}C- and ^{85}Kr-Measurements in groundwater samples. In: Isotope Hydrology 1978. IAEA, Vienna 1979, S. 931–947.

[20] D. Roman, P. Airey, The Application of Environmental Chlorine-36 to Hydrology. Int. J. appl. Radiat. Isotopes **32** (1981), 287–290.

[21] Low-Level Tritium Measurement. IAEA, Vienna 1981.

[22] T. Florkowski, Developments and trands in low-level tritium measurement. Fizika **12** (1980), 69–86.

[23] K. Fröhlich, R. Gellermann, D. Hebert, Einsatz von Umweltnukliden in der hydrogeologischen Forschung und Erkundung. In: „Rohstoffe – Industrie – Gerätebau", Reihe Technisch-Physikalische Monographien. Geest und Portig, Leipzig. (in Druckvorbereitung).

[24] P. Maloszewski, A. Zuber, Determining the turnover time of groundwater systems with the aid of environmental tracers-I. Models and their applicability-J. Hydr. (in Druck).

[25] K. Fröhlich, H. Jordan, D. Hebert, Entwicklung und Einsatz von Isotopenmethoden zur Grundwassererkundung und zur Lösung von Problemen des Grundwasserschutzes. Bergakademie Freiberg, 1980. (unveröffentlicht).

[26] V. I. Ferronskij, Prirodnye isotopy gidrosfery. „Nedra", Moskwa 1975.

[27] K. Fröhlich, R. Gellermann, D. Hebert, Erhöhte Tritiumkonzentration im Niederschlag des südlichen Teils der DDR. Isotopenpraxis **15** (1979) 83-85.

[28] W. Tischer, Kombinierte Umweltisotope und hydrochemische Untersuchungen an einem geklüfteten Porengrundwasserleiter. Diss., Bergakademie Freiberg 1980 (unveröffentlicht).

[29] K. Fröhlich, H. Jordan, D. Hebert, Ergebnisse von Langzeit-Tritium- und ^{14}C-Grundwasseruntersuchungen. Mitteilungen des Zentralinstituts für Isotopen- und Strahlenforschung der AdW, Leipzig, Nr. 26. Leipzig 1979, S. 302–308.

[30] K. Fröhlich, R. Gellermann, K. Runge, On the migration of Uranium isotopes in sandstone aquifers; Proceedings of the „Int. Symp. on Migration in the Terres-

trial Environment of Long-lived Radionuclides from the Nuclear Fuel Cycle". Knoxville, USA, 27–31 July 1981. IAEA (in Druck).

[31] R. Gellermann, K. Fröhlich, Uranium-Isotopenzusammensetzung des Grund- und Oberflächenwassers im Gebiet von Bad Brambach. Z. Physiother. **33** (1981) 223–226.

[32] K. Turekian, J. Cochran, Determination of Marine Chronologies Using Natural Radionuclides. In: Chemical Oceanography (2nd ed.). Ed.: J. P. Riley, R. Chester. Vol. 7. London, Academic Press 1978.

[33] K. Fröhlich, D. Lange, D. Herbert, Zur Verteilung von Tritium in der Ostsee im Jahre 1980. Beitr. Meereskunde (in Druck).

[34] W. Matthäus, Grundzüge der Hydrographie der Ostsee. Acta hydrochim. hydrobiol. 6 (1978) H. 1.

[35] R. Gellermann, K. Fröhlich, D. Lange, Untersuchungen zur Geochemie und Isotopenchemie des Uraniums in der Ostsee. Beitr. Meereskunde (in Druck).

[36] K. Fröhlich, J. Lübbert, D. Hebert, M. M. Schneider, Bestimmung der Erosionsrate an einem Biotit-Gneis des Enderby-Landes aus Aktivitätsmessungen des Radionuklids ^{39}Ar. (in russ.), Inform. Bull. Sowj. Ant.-Exp. **102** (1981) 58–60.

[37] D. Hebert, K. Fröhlich, M. M. Schneider, Tritium im Antarktiseis nahe der sowjetischen Station Molodeshnaja. (in russ.), Inform. Bull. Sowj. Ant.-Exp. **100** (1980) 91–94.

[38] D. Hebert, K. Fröhlich, M. M. Schneider, Radiokohlenstoff in organischen Ablagerungen einer Pinguinkolonie in der Nähe der sowjetischen Antarktisstation Molodeshnaja. (in russ.). Inform. Bull. Sowj. Ant.-Exp. **102** (1981) 61–64.

[39] D. Hebert, K. Fröhlich, Environmental studies in Antarctica on the base of tritium and radiocarbon measurements. Mitteilungen des Zentralinstituts für Isotopen- und Strahlenforschung der AdW der DDR, Leipzig, 1982. (in Druck).

[40] K. Fröhlich, H. Schütze, Forschungen mit Umweltnukliden in der Antarktis. Geod. Geoph. Veröff. Reihe I, Heft 7 (1980) 122–144.

[41] B. Payne, u.a., World distribution of Environmental Tritium. In: Physical Behaviour of Radioactive Contaminants in the Atmosphere. IAEA, Vienna 1974.

[42] D. Hebert, Kohlenstoff-14-Datierung antarktischer Pinguinbrutstätten. Beitr. Vogelkunde, Jena **26** (1980) 6, 335–341.

FSC
www.fsc.org
MIX
Papier | Fördert
gute Waldnutzung
FSC® C083411

Zeitfracht Medien GmbH
Ferdinand-Jühlke-Straße 7
99095 Erfurt, Deutschland
produktsicherheit@kolibri360.de